新东方烹饪教育◎组编

中国人民大学出版社
·北京·

前 言

　　我国的雕刻文化历史悠久。在原始社会时，我国就出现了木雕文化；秦汉时期，木雕工艺有了较大的发展和提高，汉墓出土的木雕造型已经栩栩如生。唐宋元乃至明清，我国的木雕工艺日趋完善，特别是明清的木雕工艺达到了一个顶峰。随着社会的进步和人类文明的不断发展，雕刻工艺在餐饮行业也有了广泛应用，产生了食品雕刻，这是我国雕刻文化的推广和延伸。

　　食品雕刻，即烹饪大师们将食材（如南瓜、萝卜等）匠心独运地雕刻成各种形状的物体，如鲜艳的花朵、活灵活现的大公鸡、美妙绝伦的龙凤等。这些作品设计精巧，刀工精细，栩栩如生，让人看了赞不绝口。小的食品雕刻作品一般放在菜盘中，既美化了菜品，又给菜品注入了鲜活的生命，让人在品味菜肴的同时欣赏艺术；大的食品雕刻作品一般放在丰盛的菜肴中间或者单独摆台，起装饰点缀的作用。目前，食品雕刻已经成为餐饮业的一个重要组成部分。

　　为了让更多的人了解、学习食品雕刻，发扬雕刻艺术，我们特地编写了本书。本书先介绍了食品雕刻方面的基础知识，然后分六章介绍了花卉类，常用配件，鱼虾类身体局部，鸟类身体局部，神兽、动物类，人物、瓜盅类作品的雕刻操作步骤与技法。在介绍具体操作时，我们遵循由浅入深、由易到难的原则，详细介绍了每个雕刻作品的操作要领，并配有相应的图片，即使是零基础的学习者，只要按照操作步骤勤加练习，就可以掌握食品雕刻的各类操作技巧。

编　者

目 录
CONTENTS

第一章 食品雕刻基础知识

第二章 花卉类雕刻技法

第三章 常用配件雕刻技法

第四章 鱼虾类身体局部雕刻技法

第五章 鸟类身体局部雕刻技法

第六章　神兽、动物类雕刻技法

第七章　人物、瓜盅类雕刻技法

第一章

食品雕刻基础知识

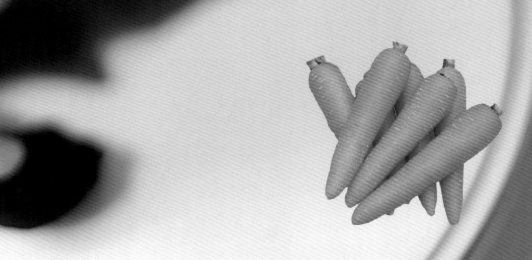

食品雕刻的定义

食品雕刻就是把各种可食性原料，利用各种刀具，通过相应的刀法，加工成形状美观、吉庆大方、栩栩如生、具有观赏价值的工艺作品。

食品雕刻花样繁多，取材广泛，凡是寓意美好的人或物，都可以用雕刻艺术的形式表现出来，将艺术与美食巧妙地融为一体。

食品雕刻历史悠久，早在春秋时期，《管子》中就记载了"雕卵"一词，是指在鸡蛋上雕画。到了唐宋时期，食品雕刻已经成为一种餐饮时尚。

食品雕刻的特点

唯一性

食雕作品因食材时令的不同而不同；每一种食材的每一部分皆具有不重复性，且创作出来的作品在色泽、形态方面都有独自的呈现，可以说，食品雕刻的每一件作品都是唯一的。

风格广泛性

食雕作品受地域、流派等因素的影响较大，且每个雕刻者的见解和认知都会对作品的表达产生影响，从而形成各具特色的风格。

变化多样性

雕刻者可根据场地、器皿、菜品的变化进行任意搭配，创作出大小不同、特色各异、与使用环境相得益彰的雕刻作品。

食品雕刻的价值

  食品雕刻是用食用性原料雕刻成各种动植物、人物、花卉等图案与形态,以美化菜肴、装点宴席的一种烹饪技艺。食品雕刻的常用原料有两大类:一类是质地细密、坚实脆嫩、色泽纯正的蔬菜的根、茎、叶和瓜、果等;另一类是既能食用,又可供观赏的熟食食品,如蛋类制品。

  食品雕刻重视基础,强调"多""快"结合、"展""艺"结合。

  食品雕刻作品的运用是多方面的,它不仅能美化宴席,烘托气氛,而且能表现菜肴的独到之处,是一种造型艺术。它能为精美的菜肴锦上添花,与菜肴在寓意上和谐统一,构成令人赏心悦目的艺术佳品。

  作为一门雕刻艺术,食品雕刻会随着人们对美的不懈追求而不断地改变其艺术形态,不断地发展、提高和创新。

食品雕刻常用食材

蜜本南瓜

　　蜜本南瓜在我国的大江南北均有栽种，南方称为长南瓜，北方称为牛腿瓜。蜜本南瓜瓜皮及果肉呈橙黄色，肉厚，肉质细致，水分少，单果一般重 1.5 ~ 3kg。蜜本南瓜是上等的雕刻原料，其可雕琢性强，用此原料制作的雕刻作品表皮光滑细腻。

芋头

　　芋头又称芋、芋艿，为天南星科植物的地下球茎，主要产自南方，肉质雪白略有斑点，含有淀粉，营养和药用价值高，作为雕刻原料稍次于蜜本南瓜。

番薯

　　番薯又称甘薯、朱薯、金薯、番茹、玉枕薯、地瓜、甜薯、红薯、红苕、白薯、阿鹅、萌番薯等，原产于南美洲及大、小安的列斯群岛，目前在全世界的热带、亚热带地区广泛栽培，我国大多数地区均可栽培。其瓜肉分为白色、紫色、黄色，质地细嫩、较脆。

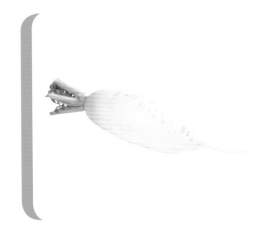

萝卜

萝卜为十字花科萝卜属二年或一年生草本植物，高20～100cm，直根肉质，长圆形、球形或圆锥形，外皮呈绿色、白色或红色，其肉质水分较多，略透明，用作雕刻原料所制作的制品具有洁白、干净的特点。

广红

广红又名金笋、胡萝卜、红萝卜等，属伞形科一年生或二年生草本植物。其根粗壮，呈长圆锥形，肉质橙红色或黄色，质地细嫩、颜色鲜艳。广红体积偏小，在用作雕刻原料时，一般较适合小型整雕、做盘头或雕刻一些附件。

圆南瓜

圆南瓜分为普通大圆南瓜和小金瓜。其瓜肉均呈金黄色，适合雕刻一些浮雕、镂空雕，也可用作装菜装饰器皿。

西瓜

西瓜为一年生蔓生藤本植物，果实近于球形或椭圆形，肉质，多汁，果皮光滑且色泽及纹路各式各样，我国各地均有栽培。作为雕刻原料时，雕刻者可以根据西瓜的不同形状、线条清晰度、皮瓤颜色对比设计造型。

食品雕刻常用刀具

主刀：也称手刀。其用途广泛，可独立完成一件作品，开大件和细致雕刻都离不开它。

V 形戳刀：多用来戳制衣褶和推制线条，还可用于戳制禽类小羽。

木刻 U 形刀：用于制作人物的脸部和衣褶，多用于开脸和雕刻五官。

拉线刀：可代笔用，一般用于在原料上规划黄金分割，也可以用于刻画局部的细线，如禽类的胸羽。

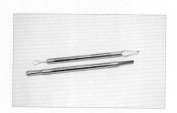

U 形戳刀：多用于开大形，制大坯，戳制动物骨骼、肌肉和禽类羽毛等。小号 U 形戳刀还可以用来开人物脸部。

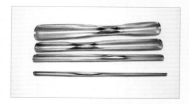

掏刀：属于特殊用具，多用于掏掉 U 形戳刀处理不到的地方，还可以用于制作人物衣摆。

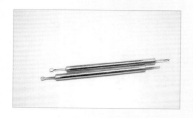

木刻 V 形刀：多用于制作发丝和处理一些较细的线条。

勾刀：多用于制作西瓜灯的套环和推制长线等。

食品雕刻常用技法

平雕：是指将蔬菜原料（如蜜本南瓜、广红等）修成长段，雕刻为花鸟或昆虫形状，然后切片而成。平雕常用于花色拼盘，或做热菜配菜。

凹雕：是指在果蔬原料（如西瓜、蜜本南瓜、冬瓜等）的表皮上雕刻各种阴纹图案，使图案的线条凹于原料表面。凹雕常用于冬瓜盅等的皮面雕刻。

浮雕：也称"凸雕"，是指在果蔬原料（如西瓜、蜜本南瓜等）的皮面上雕刻成各种阳纹图案，使图案的线条凸于原料表面。浮雕常用于西瓜灯等的皮面雕刻。

圆雕：也称"整雕""立体雕"，是指将根类或果蔬类原料（如青萝卜、广红、蜜本南瓜等）雕刻成立体的花、鸟、虫、兽等形象。

模具雕刻：是指用金属片制成的各种形象的模具（如梅花、柳叶、羽毛等形状）扣压在质地脆嫩的原料上使之成形。模具雕刻常用于冷、热菜的装饰。

镂空：是指将根类或瓜类原料立体雕刻成形后，剜去中间部分，使其成中空，或将瓜盅的凹雕线条刻透，形成镂空花纹。

刻花：又称"挖刀刻"，是指一手托着削成半球形的坯料，另一手用刀在上面刻出花形，再削去多余部分，最后刻成花。

转刀刻：又称"削花""雕花"，是指一手握小刀，另一手转动原料，顺其圆弧刻成各种花型的花瓣，并削去多余的部分，雕刻成花。

食品雕刻作品保存方法

短时间保存：水泡法，即将食品雕刻作品放入清凉的水中浸泡，或用 1% 的明矾水浸泡。

较长时间保存：低温保存法，即用保鲜薄膜将食品雕刻作品包好，移入冰箱，以不结冰为好。使用前，将食品雕刻作品放入水中浸泡半小时。

喷水保湿保存：勤喷水，保持雕刻作品的湿度和润泽感。

第二章

花卉类雕刻技法

月季花

① 准备心里美萝卜一个。

② 将萝卜一分为二，大的一半的高度和切面宽度比为 4：5。

③ 在萝卜上握刀直削五个均匀的面，底部留约大拇指首关节大小的面积。

④ 用主刀雕刻出桃形花瓣轮廓。

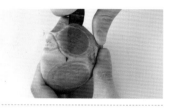

⑤ 用握刀法修出桃形，上薄下厚，运刀削成花瓣。

⑥ 刀运到花瓣底部时轻轻向内扣，以方便第二层脱料，同时让花瓣向外翻卷。

⑦ 依次刻出第一层的五片花瓣。

⑧ 在第一层每两片花瓣的中间取料，旋刻出一个弧形的面。

⑨ 修出花瓣大形，再用执笔刀法片出花瓣。

⑩ 上薄下厚，让花瓣向外翻卷。

⑪ 依次雕刻出第二层的五片花瓣。

⑫ 刻第三层时，垂直于底部，用直刀修出弧形面，然后修出半圆形花瓣边缘，上薄下厚，用锯刀法刻出花瓣。

⑬ 第三层以内，在花瓣与花瓣重叠 1/2 处向内旋刻，直至原料的中心。

⑭ 由外向内每层的花瓣片数分别为 5，5，4，3，2，每一片花瓣对应上一层花瓣之间的间隙，使之有层次感。

⑮ 将成品摆好待用。

大理花

1 准备心里美萝卜一个。

2 用主刀去萝卜皮，修整至表面光滑。

3 用中号 U 形戳刀定出花芯。

4 用小号 V 形戳刀由外向内戳出第一层花瓣，先去料，然后再戳出花瓣，花瓣的深浅度要尽量保持一致。

5 从第一层两片花瓣之间雕刻出第二层花瓣，即两瓣之间雕刻出一瓣。

6 按照"两瓣中间出一瓣"的规律雕刻出后面几层的花瓣，花瓣层数一般为五层。

7 雕刻最后一层时，让刀口在料的中心重合，便可将雕刻好的花取下来了。

8 用主刀雕刻出花芯部分。

9 将成品摆好待用。

菊花

① 准备蜜本南瓜、青萝卜各一个。

② 蜜本南瓜去皮后，先用大号拉线刀掏出花瓣的弧形面。

③ 再用同样的手法从弧形面下拉出花瓣备用。

④ 用蜜本南瓜的边角料修出球形花芯。

⑤ 用青萝卜的皮削成花蕊，用502粘牢固。

⑥ 将备用的花瓣从小到大、从里到外依次组装成花朵。

⑦ 组装好后泡水，使花瓣自然向内翻卷。

⑧ 泡水后的效果。

⑨ 近景展示。

兰花

1 准备心里美萝卜、广红、白萝卜、青萝卜。

2 用白萝卜雕出底座。

3 将广红修成圆形，做鼓身，用白萝卜做鼓面。

4 把雕刻好的鼓安装到底座上面。

5 青萝卜去皮，用拉线刀拉出兰花叶子。

6 用 U 形掏刀掏出兰花花瓣。

7 掏出的花瓣特写。

8 把兰花叶子粘到底座上。

9 将兰花花瓣粘在花枝上。

10 将成品摆好待用。

荷花

① 准备白萝卜、青萝卜。

② 用花瓣刀将白萝卜掏出荷花花瓣大形。

③ 用主刀修出荷花花瓣，并用砂纸将花瓣边缘磨薄。

④ 取一截青萝卜。

⑤ 用 U 形戳刀雕刻出莲蓬。

⑥ 用小号 U 形戳刀戳出莲蓬孔。

7 用小号 U 形戳刀戳出小圆条做莲子。

8 将莲子粘到莲蓬上。

9 用拉线刀拉出荷花的花蕊。

10 将花蕊粘接到莲蓬上。

11 给花瓣尖处涂染上甜菜根的汁，使花瓣显得更逼真。

12 将雕好的花瓣从小到大进行粘接。

13 将成品摆好待用。

梅花

1 准备心里美萝卜、白萝卜、广红。

2 用白萝卜雕刻出底座。

3 将梅花的树枝组装到底座上。

4 用U形掏刀在心里美萝卜上掏出梅花花瓣。

5 用广红雕刻出梅花花蕊。

6 将梅花花瓣进行粘接。

7 粘接好的梅花。

8 将梅花组装到花枝上。

9 将成品摆好待用。

牡丹花

1 准备心里美萝卜、蜜本南瓜。

2 心里美萝卜切块，用主刀削出一个弯度。

3 用 U 形掏刀掏出花瓣凹形。

4 用砂纸将掏出的凹形毛边打磨光滑。

5 用主刀顺着花瓣弧度削下来。

6 用主刀雕刻出牡丹花花瓣边缘。

7 用砂纸将花瓣边缘修理光滑。

8 花瓣效果展示（注意花瓣的厚薄）。

9 蜜本南瓜去皮，用小号Ⅴ形戳刀戳出花蕊。

10 用主刀把雕刻好的花蕊取下来。

11 取一小块蜜本南瓜，将其切成米粒大小的丁。

12 在花蕊上涂抹上胶水，把切好的蜜本南瓜丁粘到花蕊上。

13 将花蕊卷起。

14 雕刻好的花瓣分出大小。

15 将雕刻好的花瓣按从小到大的顺序进行粘接。

16 将粘接好的花瓣组装到树枝上。

17 近景展示。

18 将成品摆好待用。

第三章

常 用 配 件 雕 刻 技 法

树叶

1 准备青萝卜。

2 取颜色翠绿部分。

3 用大号 U 形戳刀戳出叶子和叶脉的位置。

4 用戳刀戳出叶子的起伏感。

5 用木刻 V 形刀推制出叶茎脉。

6 用主刀修出叶子形状。

7 取出叶子，将叶子边缘修薄并用砂纸打磨光滑。

8 将成品摆好待用。

竹子

① 准备心里美萝卜、广红、白萝卜、青萝卜。

② 用白萝卜拼接出底座。

③ 用主刀雕刻出祥云。

④ 用白萝卜和广红拼接雕刻成一个小鼓。

⑤ 将小鼓组装到祥云底座上。

⑥ 青萝卜拼接出竹子的大形。

⑦ 根据作品需要拼接成条。

⑧ 将竹子坯修成圆柱形，用戳刀定出竹节的位置。

⑨ 用主刀调整竹节的大小。

⑩ 用掏刀在竹子顶部掏出断裂的口子，从而使造型更逼真。

⑪ 用青萝卜薄片雕刻出竹子的枝丫。

⑫ 用大号 V 形戳刀戳出竹叶。

⑬ 将成品摆好待用。

浪花

① 准备青萝卜。

② 用青萝卜组装出浪花的大形。

③ 用主刀雕刻出浪花的线条走势。

④ 用U形掏刀掏出浪柱的层次。

⑤ 用主刀雕刻出浪线。

⑥ 用主刀雕刻出浪花的浪头，并去除废料。

⑦ 用主刀雕刻出小浪花的大形。

⑧ 用主刀雕刻出小浪花的浪头。

⑨ 小浪花效果。

⑩ 用胶水将小浪花组装到浪身上。

⑪ 将成品摆好待用。

云

① 准备蜜本南瓜、青萝卜。

② 青萝卜切厚片，拼接。

③ 用水溶性铅笔勾勒出云的大形。

④ 用主刀沿勾勒的纹路外沿去除废料。

⑤ 直刀出形，平刀去料，由中心点用刀向四周旋转。

⑥ 将蜜本南瓜切成厚片，拼接成矩形。

⑦ 将拼接好的蜜本南瓜矩形修成圆形。

⑧ 将雕刻好的云组装上去。

⑨ 将成品摆好待用。

火

1 准备广红。

2 将广红切成薄片。

3 用主刀从原料最上端下刀，依次雕刻出火苗的轮廓，去除废料。

4 雕刻好的火苗备用。

5 将广红削成锥形当底座。

6 将雕刻好的火苗依次组装起来。

7 将成品摆好待用。

树

① 准备蜜本南瓜。

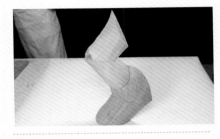

② 取料粘接。

③ 用掏刀定出树枝的流线走向。

④ 用主刀雕刻树枝。

⑤ 雕刻好的树枝大形。

⑥ 用掏刀掏出树皮的纹理。

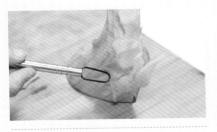

⑦ 用大号掏刀挖出根部的大树洞。

⑧ 将成品摆好待用。

葫芦

① 准备蜜本南瓜、青萝卜。

② 用中号戳刀定出葫芦上下部分的分界线。

③ 用戳刀定出葫芦身与葫芦藤的分界线。

④ 用主刀修出葫芦藤的连接部分。

⑤ 用主刀修出葫芦的下半部分。

⑥ 用主刀修出葫芦的上半部分。

7 将葫芦藤与葫芦身的衔接处修顺，略带弧度。

8 用掏刀掏出葫芦口。

9 掏好的葫芦口。

10 用砂纸对雕刻好的葫芦进行打磨。

11 用砂纸打磨后的葫芦。

12 取一块青萝卜。

13 用主刀和拉线刀雕刻出葫芦叶子。

14 去除废料。

15 用主刀雕刻出简易的葫芦藤。

16 将葫芦藤粘到葫芦口上。

17 粘上叶子和飘带。

18 将成品摆好待用。

莲藕

1 准备蒜薹、白萝卜、青萝卜。

2 用中号 U 形戳刀定出每一节藕的位置。

3 用拉线刀定出藕节。

4 用拉线刀结合主刀雕刻出叶芽。

5 用主刀将每一节藕的两头修饰圆滑。

6 用 U 形戳刀结合手刀雕刻出每一节藕的凹槽，这样会显得更加逼真。

7 在藕头的位置用主刀斜切一刀。

8 用 U 形戳刀戳出莲藕的藕孔。

9 取一节青萝卜，用于雕刻荷叶。

10 用小号 U 形戳刀在荷叶中间戳出荷叶蒂。

11 用中号 U 形戳刀戳出荷叶叶脉的大形。

12 用拉线刀雕刻出叶脉。

13 取一根蒜薹做莲茎，并用拉线刀雕刻出莲茎上的小刺。

14 取一块青萝卜，雕刻出莲蓬。

15 用拉线刀雕刻出莲蓬须。

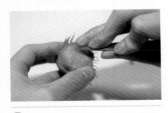

16 用主刀结合小号 U 形戳刀雕刻出莲子。

17 将雕刻好的莲藕粘上藕须，并将莲藕组装在一起。

18 将雕刻好的荷叶粘接到莲藕上。

19 将成品摆好待用。

玉书

① 准备长芋头。

② 将长芋头切成块并粘接到一起。

③ 修饰成书本样。

④ 在背部粘接一块料，做出书本翻卷状。

⑤ 用主刀在翻卷的位置做镂空雕刻。

⑥ 用拉线刀雕刻出书页层次。

⑦ 书页成品。

⑧ 用主刀在书页的边缘开片，并用手轻卷书页，使其显得更自然。

⑨ 玉书成品。

⑩ 将成品摆好待用。

第四章

鱼虾类身体局部雕刻技法

鲤鱼

1 准备蜜本南瓜。

2 用蜜本南瓜拼接出鱼的大形。

3 用掏刀定出鱼的背鳍。

4 同大号U形戳刀定出尾巴的位置。

5 用U形戳刀和主刀雕刻出鱼嘴。

6 用主刀雕刻出鱼鳃。

⑦ 用主刀雕刻出鱼鳞。

⑧ 粘接两块蜜本南瓜原料做尾巴。

⑨ 用主刀和拉线刀雕刻出鱼尾。

⑩ 用主刀雕刻出鱼的背鳍。

⑪ 将雕刻好的鱼背鳍粘接到鱼身上。

⑫ 用拉线刀拉出腹部鱼鳍。

⑬ 用主刀将鱼鳍取下。

⑭ 将鱼鳍粘到鱼身上。

⑮ 将成品摆好待用。

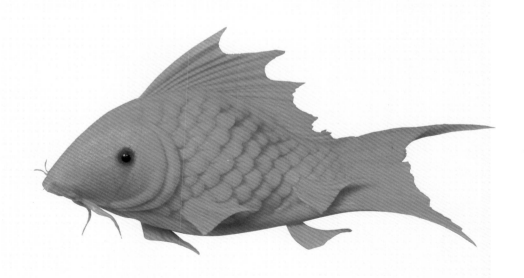

神仙鱼

① 准备蜜本南瓜、青萝卜、冬瓜。

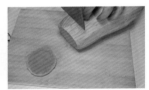

② 从蜜本南瓜头部切下一块原料做底座。

③ 取一根青萝卜切开。

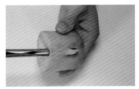

④ 用中号 U 形戳刀戳几根圆条状的长条做珊瑚。

⑤ 用小号掏刀在圆条顶部掏一个小洞。

⑥ 将雕刻好的珊瑚分出大小。

⑦ 用掏刀把做珊瑚时剩余的原料雕刻成假山。

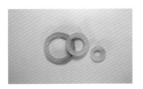

⑧ 用 U 形戳刀戳出三个大小不同的圆圈做水泡。

⑨　取冬瓜皮。

⑩　用主刀雕刻出水草。

⑪　将假山粘接到底座上。

⑫　将水泡粘接到假山上。

⑬　将珊瑚粘接到假山上。

⑭　用水溶性铅笔在蜜本南瓜上画出神仙鱼大形。

⑮　用主刀雕刻出神仙鱼大形。

⑯　用主刀将鱼身修整光滑。

⑰　用主刀开出鱼嘴，注意鱼嘴上长下短。

⑱　用小号U形戳刀戳出鱼唇。

⑲　用拉线刀拉出鱼鳍和鱼尾上的线条。

⑳　用主刀雕刻出鱼鳃。

㉑　取一块蜜本南瓜小料，用掏刀掏出鱼鳍纹路。

㉒　用主刀雕刻出鱼鳍。

㉓　取一块青萝卜做长鱼鳍。

㉔　用主刀雕刻出长鱼鳍。

㉕　将鱼鳍粘接到鱼腹部。

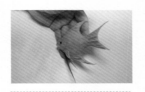

㉖　将长鱼鳍粘接到鱼鳃下。

㉗　神仙鱼组装完成。

金鱼

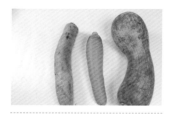

1 准备青萝卜、广红、蜜本南瓜。

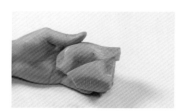

2 广红切块并进行粘接，准备做金鱼头。

3 用 U 形戳刀戳出金鱼头上的肉包。

4 用小号 U 形戳刀戳出嘴唇。

5 用主刀开出鱼嘴。

6 用小号掏刀雕刻出鱼唇。

7 用主刀雕出鱼鳃。

8 用拉线刀拉出金鱼头部的小肉包。

9 用主刀将不规整的小肉包修圆。

10 用主刀雕刻出鱼鳞。

11 取两块广红粘接到一起做金鱼尾巴。

12 用主刀和掏刀雕刻出鱼尾。

13 将雕刻好的鱼尾粘接到鱼身上。

14 取一块青萝卜。

15 用主刀雕刻出金鱼的背鳍。

16 将背鳍粘接到鱼身上。

17 用大号掏刀在青萝卜上掏出两个圆球做鱼眼。

18 取一块青萝卜，用主刀雕刻出小鱼鳍。

19 将鱼鳍、鱼眼粘接到鱼身上。

20 粘接青萝卜并雕刻成圆形做月亮。

21 用蜜本南瓜粘接出一个底座，然后用主刀在底座上刻出祥云。

22 将月亮与祥云底座粘接到一起，并在月亮的外围粘贴一圈广红形成光晕。

23 将金鱼组装到底座上。

24 将成品摆好待用。

虾

① 准备青萝卜、广红。

② 广红切成厚片拼接，用水溶性铅笔勾勒出虾的大形。

③ 用主刀定出虾背。

④ 用主刀雕刻出虾头。

⑤ 注意虾节每一节的大小变化。

⑥ 用主刀雕刻出虾尾。

⑦ 去除腹部的废料。

⑧ 用主刀雕刻出虾脚。

⑨ 用主刀雕刻出虾眼。

⑩ 将眼睛安装到虾身上。

⑪ 把雕刻好的虾组装到用青萝卜雕刻的水浪上。

龙虾

1 准备蜜本南瓜。

2 根据所雕的物种将蜜本南瓜进行拼接。

3 用水溶性铅笔画出龙虾的身体大形。

4 用中号U形戳刀定出虾刺的位置。

5 用中号U形戳刀定出虾节的位置。

6 用主刀雕刻出虾节。

第五章

鸟类身体局部雕刻技法

鸟爪

1 准备蜜本南瓜。

2 用主刀刻画出鸟爪大形。

3 用主刀雕刻出鸟爪轮廓。

4 用主刀取下鸟爪。

5 另取一块蜜本南瓜小料，雕刻出小脚趾。

6 取下小脚趾并粘在鸟爪上。

7 将成品摆好待用。

翅膀

① 准备蜜本南瓜。

② 用主刀修出翅膀大形。

③ 用 U 形掏刀挖出翅膀轮廓。

④ 用 U 形戳刀去掉多余部分。

⑤ 用主刀雕刻出翅膀上的小复羽。

⑥ 用主刀雕刻出翅膀上的大复羽。

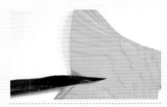

⑦ 用主刀雕刻出翅膀上的次级飞羽大形。

⑧ 用 U 形戳刀戳出大飞羽（从薄到厚）。

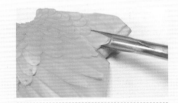

⑨ 用 U 形戳刀戳出初级飞羽。

⑩ 用拉线刀拉出大飞羽羽轴。

⑪ 去除废料。

⑫ 将成品摆好待用。

喜鹊头

1 准备蜜本南瓜。

2 用水溶性铅笔画出鸟头大形。

3 用小号 U 形戳刀定出额头。

4 用小号 U 形戳刀定出眉骨。

5 用主刀定出鸟嘴大形。

6 用拉线刀修出鼻翼。

7 用主刀开出鸟嘴。

8 用小号掏刀掏出鸟嘴唇线条。

9 用主刀雕刻出鸟嘴下颚。

10 用小号掏刀在下颚处掏一刀，使其显得更逼真。

11 用主刀雕刻出眼睛。

12 用小号掏刀定出眼角及嘴角处的绒毛位置。

13 用拉线刀拉出眼角及嘴角的细绒毛。

14 将成品摆好待用。

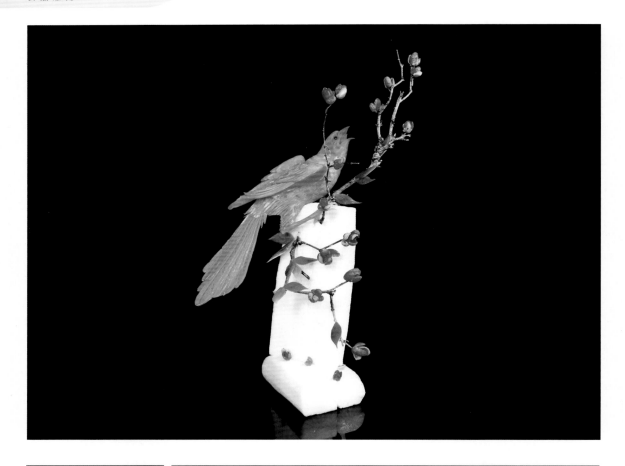

喜鹊

① 准备广红、白萝卜、青萝卜、心里美萝卜。

② 用广红接出喜鹊身子，注意头的朝向。

③ 用主刀开出鸟嘴。

④ 用主刀和拉线刀雕刻出喜鹊头。

⑤ 用两块广红接出喜鹊腿。

⑥ 用拉线刀拉出喜鹊腿部大缕。

7 在背部接两块广红做翅膀。

8 用主刀修出翅膀大形。

9 用主刀雕刻出翅膀上的羽毛。

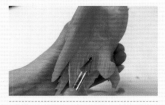

10 用拉线刀拉出腿部绒毛。

11 用拉线刀拉出颈部及背部的绒毛。

12 另取广红做鸟尾，如果宽度不够可以粘接。

13 用主刀雕刻出鸟尾。

14 取两块广红雕刻出鸟爪。

15 用白萝卜雕刻出白墙。

16 将鸟和树枝粘接到墙体上。

17 将爪子粘接到鸟身上，注意根据鸟的形态来定鸟爪所抓的位置；组装上附件。

18 将成品摆好待用。

守望

1　准备蜜本南瓜、白萝卜、青
　萝卜、广红、心里美萝卜、

2　取一根白萝卜切开做底座。

3　用蜜本南瓜拼接出石头的大
　形。

4　用白萝卜拼接出残壁的大
　形。

5　将残壁拼接到底座上。

6　用掏刀掏出石头的层次。

7　用砂纸打磨光滑。

8　将树枝组装到残壁上。

9　取一根青萝卜，用掏刀掏出
　兰花叶子。

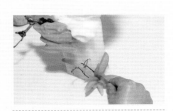

10　将兰花叶子组装到残壁上。

11　选一根广红，拼接用于制作
　　鸟身。

12　用笔画出鸟头部位置。

13　用中号 U 形戳刀在颈部戳一刀，区分头和身子。

14　另取一块紫薯小料粘接到头部，用来制作鸟嘴。

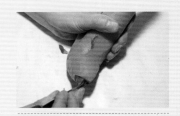

15　用主刀雕刻出鸟嘴大形。

16　另取一块广红粘接在鸟身上，用来制作翅膀。

17　用中号拉线刀拉出翅膀的大形。

18　用小号 U 形戳刀戳出头部眉骨。

19　用小号拉线刀在下颚处掏一刀，这样会让下颚显得更加逼真。

20　用主刀雕刻出鸟眼睛。

21　用主刀开出鸟嘴。

22　用掏刀定出嘴角和眼后的绒毛位置。

23　用拉线刀拉出脖子后面的绒毛。

24　用掏刀掏出鸟背部大形。

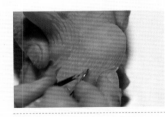

25 用拉线刀拉出翅膀上的细毛。

26 用主刀雕刻出翅膀的大复羽。

27 用拉线刀拉出羽轴。

28 取一块紫薯，雕刻出鸟爪。

29 将鸟爪粘接到鸟身上。

30 用主刀雕刻出鸟尾大形。

31 用 U 形戳刀戳出鸟尾，并用主刀将鸟尾取下。

32 将尾巴粘接到鸟身上。

33 组装提前雕刻好的月季和兰花等附件。

34 把雕刻好的鸟组装到残壁上，并调整好角度。

35 将成品摆好待用。

锦鸡头

1 准备广红。

2 用主刀修成斧头块。

3 用主刀雕刻出头部大形。

4 用主刀雕刻出下颚。

5 用小号 U 形戳刀雕刻出嘴壳。

6 用小号 U 形掏刀定出眉骨。

7 用中号 U 形掏刀掏出头部羽冠的羽毛大缕。

8 用大号 U 形掏刀在下颚处掏一刀，使其显得更加逼真。

9 用主刀雕刻出鼻孔。

10 用主刀雕刻出眼睛。

11 用拉线刀雕刻出羽冠绒毛细线。

12 用主刀在头部绒毛处取一层料，使造型更有层次感。

13 用拉线刀定出脖颈处的披肩。

14 用主刀雕刻出披肩上的扇状羽毛。

15 用掏刀雕刻出颈部绒毛大缕。

16 用拉线刀雕刻出颈部绒毛细线。

17 用主刀雕刻出嘴角。

18 将成品摆好待用。

锦上添花

1 准备甜菜根、紫薯、青椒、广红。

2 将广红切块粘接并雕刻出底座。

3 找一根枯树枝接到底座上。

4 取一块甜菜根，用花瓣刀挖出花瓣大形。

⑤ 用主刀雕刻出牡丹花的花瓣。

⑥ 将雕刻好的花瓣与仿真花芯进行粘接。

⑦ 粘接花瓣的时候要按从小到大的顺序，注意每一层的层次。

⑧ 用青椒来雕刻牡丹花的叶子。

⑨ 将雕刻好的牡丹花组装到树枝上。

⑩ 用广红粘接出锦鸡的身体大形。

⑪ 用主刀雕刻出锦鸡额头和嘴部。

⑫ 用主刀将嘴部切下，另取紫薯粘接，用来做锦鸡的嘴部（这样显得更加逼真）。

⑬ 用主刀将锦鸡脖颈处修顺。

⑭ 用主刀雕刻出眉骨。

⑮ 用拉线刀拉出头部绒毛。

⑯ 用木刻小号 U 形戳刀戳出唇线。

17 用拉线刀雕刻出眼部和嘴部的绒毛。

18 用主刀定出锦鸡的披肩。

19 在锦鸡的身体上另接一块广红，用于制作翅膀。

20 用主刀雕刻出披肩上的扇状羽毛。

21 用主刀雕刻出翅膀上的羽毛。

22 用拉线刀拉出锦鸡腿部和尾部的绒毛。

23 取一块紫薯，雕刻出鸟爪。

24 雕刻完的尾巴。

25 将雕刻好的锦鸡组装到树枝上。

26 将成品摆好待用。

官上加官

1 准备蜜本南瓜、青萝卜、白萝卜、红灯笼椒、紫薯。

2 将白萝卜进行粘接，用于制作鸡身。

3 开出身体大形并定出头部位置。

4 用主刀修饰脖子。

5 取一块南瓜粘接，用于雕刻嘴部。

6 用主刀雕刻出嘴巴大形。

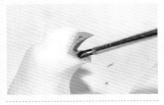

7 细致地雕刻出嘴巴的细节。

8 用主刀雕刻出下颚。

9 取一块红灯笼椒小料，用主刀雕刻出鸡的肉裙。

10 取一块红灯笼椒，用主刀雕刻出公鸡的肉冠。

11 将雕刻好的肉裙粘接到鸡的下颚处。

12 用拉线刀雕刻出头部绒毛。

13 用拉线刀雕刻出鸡眼部的绒毛。

14 用 U 形掏刀掏出背部绒毛大缕。

15 用主刀雕刻出鸡颈部的绒毛。

16 用拉线刀雕刻出鸡背部的绒毛线条。

17 用主刀雕刻出鸡背部羽毛的层次。

18 单独雕刻出一些羽毛。

19 将雕刻好的羽毛粘接到鸡脖子处。

20 拼接一块白萝卜。

21 调整角度并修出鸡翅膀的大形。

22 用主刀雕刻出鸡翅膀上的羽毛。

23 取一块紫薯小料。

24 雕刻出鸡爪。

25 取一根白萝卜，用来雕刻鸡尾巴毛。

26 用拉线刀雕刻出鸡尾巴上的细毛。

27 用主刀将雕刻好的鸡尾巴毛片下。

28 将白萝卜拼接后，雕刻出底座。

29 青萝卜拼接在一起，雕刻出假山的结构。

30 将雕刻好的公鸡组装到假山上。

31 将雕刻好的鸡冠粘接到鸡头上。

32 由上至下粘接出尾巴，并调整层次。

33 将成品摆好待用。

麻雀头

1 准备一块蜜本南瓜。

2 用主刀定出麻雀的额头。

3 用主刀修出麻雀嘴的大形。

4 用小号 U 形戳刀戳出眉骨。

5 用主刀开出麻雀嘴。

6 用小号 U 形掏刀雕刻出唇线。

7 用主刀雕刻出下颚。

8 用中号 U 形掏刀在下颚处掏一刀，这样会显得更加逼真。

9 用主刀雕刻出眼睛。

10 用主刀雕刻出鼻子。

11 用中号 U 形掏刀雕刻出眉骨处的绒毛大缕。

12 用拉线刀雕刻出眼部和嘴部的绒毛。

13 将成品摆好待用。

麻雀

1　准备蜜本南瓜、青萝卜、紫薯。

2　用水溶性铅笔画出麻雀的大形。

3　另取一块紫薯粘接到麻雀嘴的位置来做麻雀嘴。

4　用主刀雕刻出麻雀嘴。

5　用中号 U 形戳刀在颈部戳一刀，区分出头部和背部。

6　用中号 U 形戳刀在腹部和尾部各戳一刀，区分出腿和翅膀。

7　用 U 形掏刀在尾部掏出羽毛的大缕。

8　用主刀雕刻出翅膀大形。

9　用主刀雕刻出眼睛。

10　用拉线刀雕刻出翅膀根部的绒毛。

11　用主刀雕刻出翅膀上的羽毛。

12　用拉线刀雕刻出尾部的绒毛。

13　取一块青萝卜，用主刀雕刻出尾巴。

14　将雕好的尾巴组装到麻雀的身体上。

15　将成品摆好待用。

鹰头

1 准备蜜本南瓜。

2 用水溶性铅笔画出鹰头大形。

3 用主刀先定出鹰的额头。

4 用特小号 U 形戳刀戳出鹰头的眉心，然后再定出鹰嘴嘴勾的位置。

5 用主刀修出下颌。

6 用主刀斜刀修出鹰嘴的嘴峰。

7 用特小号 U 形戳刀定出鹰鼻的位置。

8 用 U 形戳刀定出鹰的眉骨。

9 用 U 形戳刀定出眼睛的位置。

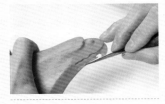

10 用主刀雕刻出鹰嘴，同时区分出鹰嘴嘴勾的位置。

11 用木刻 U 形刀戳出鹰嘴唇线。

12 用主刀开眼。鹰是猛禽，较为凶悍，开眼时要注意眉骨的角度。

13 用特小号 U 形戳刀在前眼角处戳一刀，可让鹰眼显得更为凶悍。

14 用主刀雕刻出鹰的鼻子。

15 用 U 形掏刀定出嘴角咬肌位置。

16 用拉线刀拉出嘴角及眉骨处的细绒毛。

17 在鹰头顶部用主刀雕刻出细小的鱼鳞羽。

18 用主刀对嘴角及眼角处的细绒毛取料，从而让作品更有层次感。

19 用主刀顺着眼角的后方雕刻出脖颈上的鱼鳞羽。

20 将成品摆好待用。

鹰

① 准备蜜本南瓜。

② 粘接出身体大形。

③ 用大号 U 形戳刀定出翅膀的位置，用主刀修出鹰头和颈部的位置。

④ 用主刀和掏刀雕刻出鹰头。

⑤ 用拉线刀雕刻出嘴部和眉骨处的绒毛，并用主刀进行细部处理。

⑥ 用主刀雕刻出鱼鳞羽。

⑦ 用主刀和小号 U 形掏刀定出鹰爪大形。

⑧ 用主刀雕刻出鹰爪细节，并将腿毛雕刻出来。

⑨ 在爪部下方接一块蜜本南瓜，用于雕刻水浪。

⑩ 用主刀定出水浪大形。

⑪ 用主刀雕刻出水浪的浪线。

⑫ 另取一块蜜本南瓜，雕刻出浪头。

⑬ 将浪头组装到浪身上。

⑭ 另取蜜本南瓜原料，粘接出鹰的右腿。

⑮ 用主刀修饰出鹰腿大形。

⑯ 用主刀雕刻出鹰腿上的鱼鳞羽。

17 用拉线刀和主刀雕刻出小羽毛。

18 取一块蜜本南瓜原料，雕刻出鹰爪。

19 将鹰爪粘接到鹰腿部。

20 将雕刻好的小羽毛粘接到鹰腿上。

21 取一块蜜本南瓜原料，雕刻出鹰尾并粘接到鹰身上。

22 取几块蜜本南瓜拼接出鹰翅。

23 用主刀雕刻出鹰翅上的羽毛；另取蜜本南瓜，雕刻出次级飞羽，粘接到翅膀上。

24 将成品摆好待用。

孔雀爪子

1　准备蜜本南瓜。

2　对蜜本南瓜进行拼接。

3　用大号 U 形掏刀定出孔雀爪子的大形。

4　用主刀雕刻出孔雀脚趾的细节。

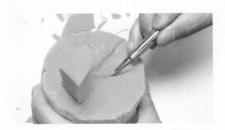

5　用 U 形掏刀定出其余脚趾轮廓。

6　用主刀雕刻出其余脚趾。

7　用小号 U 形掏刀做细节处理。

8　将成品摆好待用。

孔雀头

① 准备蜜本南瓜、青萝卜。

② 蜜本南瓜切块，根据孔雀头的造型进行粘接。

③ 用水溶性铅笔画出孔雀头部大形。

④ 用主刀雕刻出孔雀头部大形。

⑤ 用U形戳刀戳出眉骨。

⑥ 用主刀定出嘴巴大形。

7 用U形木刻刀戳出嘴唇线条。

8 用主刀雕刻出嘴角。

9 用主刀雕刻出眼睛，装上仿真眼。

10 用主刀雕刻出鼻子。

11 用拉线刀拉出眉骨绒毛。

12 用主刀雕刻出鱼鳞羽。

13 取青萝卜小料做冠子。

14 用主刀雕刻出孔雀的冠子。

15 将冠子粘接到头部。

16 用拉线刀拉出脖颈处的绒毛。

17 将成品摆好待用。

孔雀

① 准备蜜本南瓜。

② 把雕刻好的孔雀头粘接到另一个蜜本南瓜上，并用主刀修顺。

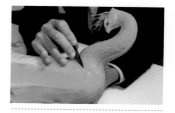

③ 用主刀修出孔雀的身体大形，注意身体线条的走势。

④ 另粘接一块蜜本南瓜，用于制作孔雀腿。

⑤ 用大号 U 形掏刀定出腹部位置。

⑥ 用大号 U 形戳刀定出大腿的位置。

7 用主刀雕刻出孔雀腿部及尾部的羽毛。

8 用主刀雕刻出孔雀身体上的鱼鳞羽。

9 用拉线刀在羽毛上拉出羽轴。

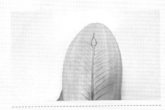

10 用水溶性铅笔画出孔雀尾巴毛的大形。

11 用Ｖ形戳刀戳出孔雀尾。

12 将小块的蜜本南瓜粘接到一起组成假山。

13 将雕刻好的孔雀爪子组装到假山上。

14 将孔雀身子与爪子粘接到一起。

15 将雕刻好的孔雀尾巴依次由下至上进行组装，组装时注意层次。

16 将孔雀翅膀粘接到孔雀身体上。

17 将成品摆好待用。

第六章

神兽、动物类雕刻技法

凤凰头

1 准备蜜本南瓜。

2 粘接一块蜜本南瓜，可根据造型来增减原料宽度。

3 用水溶性铅笔画出凤凰头的大形。

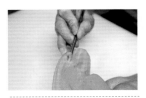

4 用小号 U 形戳刀戳出眉骨。

5 用主刀雕刻出凤凰嘴。

6 用 U 形拉线刀拉出唇线。

7 用主刀雕刻出下颚。

8 用小号掏刀定出肉裙大形。

9 用主刀雕刻出肉裙。

10 用主刀雕刻出鼻孔。

11 用主刀雕刻出丹凤眼。

12 用小号掏刀修出嘴部咬肌。

13 用主刀去除废料。

14 用大号U形掏刀定出凤凰腹甲与脖子的分界线。

15 用小号U形戳刀戳出腹甲。

16 用大号拉线刀雕刻出腹甲的细节。

17 用小号掏刀雕刻出颈部的大缕。

18 用拉线刀拉出脖颈绒毛。

19 将绒毛下的废料用主刀去除，这样雕出的作品层次感更强。

20 用主刀雕刻出鱼鳞羽。

21 用拉线刀拉出羽毛上的羽轴。

22 取几片蜜本南瓜，用于雕刻凤冠和脖颈处的飘毛。

23 用主刀雕刻出凤冠。

24 用主刀雕刻出飘毛。

25 将飘毛粘接到脖颈处。

26 将凤冠粘接到凤凰头部。

27 将成品摆好待用。

凤凰

① 准备广红、青萝卜、心里美萝卜。

② 用广红粘接出凤凰身体。

③ 再粘接出凤凰的翅膀。

④ 用 U 形戳刀和主刀雕刻出凤凰的头。

⑤ 用主刀和掏刀雕刻出肉坠。

⑥ 取一片蜜本南瓜，用主刀雕刻出头冠并粘接到头部。

⑦ 用 U 形戳刀戳出腹甲，并用主刀进行修饰。

⑧ 用主刀和拉线刀雕刻出脖颈处的绒毛。

⑨ 用主刀雕刻出鱼鳞羽。

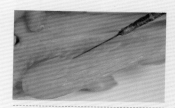

⑩ 用主刀雕刻出翅膀上的羽毛。

⑪ 用拉线刀拉出羽轴。

⑫ 取两块广红，雕刻出凤爪。

⑬ 取青萝卜片，雕刻出飘翎。

⑭ 广红开片，粘接到一起做凤凰尾巴。

⑮ 用拉线刀拉出凤尾线条。

⑯ 用特小号 U 形戳刀戳出尾羽，注意长短错开，以使层次感更强。

17 用主刀去除废料，将凤尾取出。

18 将雕刻好的凤凰粘接到雕刻好的"玉书"上。

19 雕好的飘翎粘接到凤凰身上。

20 将凤凰尾巴粘接到身体上。

21 用心里美萝卜雕刻出凤胆。

22 将雕刻好的凤胆粘接到凤凰身上，一般凤胆都粘接在翅膀根部。

23 将提前雕好的菊花粘接到树枝上。

24 将成品摆好待用。

龙头

1 准备蜜本南瓜。

2 将蜜本南瓜头切成斧头块状。

3 用 U 形戳刀定出龙的额头与鼻子的位置。

4 用拉线刀区分鼻子和嘴唇。

5 用主刀去除额头与鼻子间的废料。

6 用 U 形戳刀定出鼻翼。

7 用主刀雕刻出鼻孔。

8 粘接原料，用于制作胡须。

9 用拉线刀拉出胡须，注意线条的走势。

10 用主刀雕刻出胡须。

11 用主刀雕刻出龙嘴上唇。

12 用小号 U 形戳刀戳出鼻梁处的皱褶。

13 用小号掏刀对鼻梁处做细节处理。

14 用主刀雕刻出龙牙。

15 粘接一块原料做龙舌。

16 用主刀雕刻出龙嘴下唇。

17 用小号掏刀掏出龙嘴下颚处胡须的大缕。

18 用主刀雕刻出下颚处的胡须。

19 用主刀雕刻出眼睛。

20 用主刀雕刻出龙眉。

21 在眼角后粘接一块原料，用于制作龙耳。

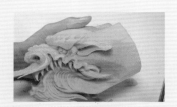

22 用主刀雕刻出龙的耳朵。

23 用主刀雕刻出龙鳃。

24 用主刀雕刻出龙的鳃刺。

25 取一块蜜本南瓜，用主刀雕刻出龙角。

26 将龙角粘接到龙头上，注意龙角的位置。

27 取一块蜜本南瓜，用主刀雕刻出龙须。

28 取蜜本南瓜片。

29 用主刀雕刻出弯曲飘摆的龙发。

30 雕刻完成的龙发。

31 将龙发粘接到龙鳃处。

32 将成品摆好待用。

龙

① 准备蜜本南瓜、白萝卜、广红。

② 对蜜本南瓜进行拼接，并用水溶性铅笔画出龙身的大形。

③ 用掏刀掏出龙身大形。

④ 用掏刀掏出背鳍线，突显背鳍。

⑤ 将身体用主刀修饰平滑。

⑥ 用拉线刀定出龙的腹部。

⑦ 用 U 形戳刀戳出龙的腹甲。

⑧ 将龙身周围预留的原料雕成祥云。

⑨ 用主刀雕刻出龙的鳞片。

⑩ 用拉线刀在每一个鳞片中间拉一刀，使造型的细部更为精细。

⑪ 另取蜜本南瓜，雕刻出龙尾大形。

⑫ 拉出龙尾背鳍线。

13 用主刀结合拉线刀雕刻出龙的尾部。

14 用主刀雕刻出尾部的鳞片。

15 用主刀在背鳍处雕刻出 V 形凹槽，便于粘接背鳍。

16 取一根广红。

17 切片，用来雕龙背鳍。

18 用主刀取出背鳍。

19 将背鳍和龙身进行组装。

20 组装好的背鳍。

21 龙身下方的料用来雕水浪，先用掏刀掏出浪纹。

22 再用主刀雕刻出浪头。

23 取广红，雕刻出火苗。

24 取白萝卜，雕刻出祥云。

㉕ 取蜜本南瓜，雕刻出龙爪；
取广红雕刻出肘毛，然后把
肘毛粘接到龙爪上。

㉖ 将龙尾组装在龙身上。

㉗ 将提前雕刻好的龙头组装到
龙身上。

㉘ 将雕刻好的龙爪组装到龙身
上。

㉙ 将成品摆好待用。

青龙

① 准备青萝卜、广红、蜜本南瓜、心里美萝卜。

② 用青萝卜粘接出龙身并修饰出身子大形。

③ 用拉线刀定出背脊线。

④ 用主刀修出腹甲。

⑤ 用主刀将身体棱角处修圆。

⑥ 用主刀雕刻出腹甲鳞片。

⑦ 用主刀雕刻出龙鳞。

⑧ 用小号 V 形戳刀戳出鳞轴。

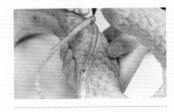

⑨ 用主刀开出背鳍接口。

⑩ 取一根广红，用于雕刻背鳍。

⑪ 用主刀把开好的广红雕刻成背鳍。

⑫ 将背鳍组装到龙身上。

13 取一根青萝卜，切块拼接，并用水溶性铅笔画出龙爪大形。

14 用主刀雕刻出龙爪大形。

15 用主刀雕刻出龙爪，并修饰光滑。

16 用主刀雕刻出龙腿上的龙鳞。

17 取一片广红，用主刀雕刻出火苗。

18 将火苗粘接到龙爪上，粘接时要注意角度。

19 取一根青萝卜，切块拼接，用于雕刻龙尾。

20 用主刀开出龙尾大形。

21 用主刀雕刻出尾巴上的腹甲鳞片。

22 用主刀雕刻出龙鳞。

23 在龙尾尾部再拼接原料，用于制作龙的尾毛。

24 用主刀雕刻出龙尾。

㉕ 取一块青萝卜，雕刻出龙的尾毛。

㉖ 将雕刻好的龙的尾毛粘接到龙尾上，要做出层次感。

㉗ 取一块蜜本南瓜，用水溶性铅笔画出祥云的大形。

㉘ 用主刀雕刻出祥云。

㉙ 取一个蜜本南瓜头，南瓜头最好是实心的。

㉚ 用主刀雕刻出龙头。

㉛ 将龙身组装到底座上。

㉜ 将龙头组装到龙身上。

㉝ 将龙爪组装到龙身上。

㉞ 将祥云组装到作品上。

㉟ 将成品摆好待用。

麒麟

① 准备蜜本南瓜、芋头、广红。

② 用蜜本南瓜粘接出麒麟身子。

③ 用大号 U 形戳刀定出身体的各个部位。

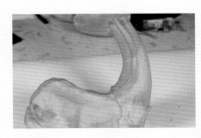

④ 用主刀将边角处修平顺。

5 取蜜本南瓜粘接，用于雕刻麒麟腿。

6 用主刀雕刻出麒麟腿。

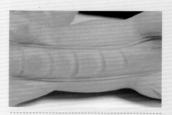

7 用U形戳刀和拉线刀雕刻出腹甲。

8 取蜜本南瓜块粘接到腿部，用于雕刻麒麟蹄。

9 用主刀雕刻出麒麟蹄。

10 用主刀雕刻出腿部鳞片。

11 用主刀雕刻出身体鳞片。

12 广红切片，用主刀雕刻出背鳍，并粘接到麒麟身体上。

13 取一块蜜本南瓜块，用于制作麒麟尾。

14 用主刀雕刻出麒麟尾。

15 取一块蜜本南瓜头（实心）。

16 用U形戳刀和主刀定出额头和鼻子。

17 用主刀雕刻出鼻孔。

18 用主刀雕刻出上牙齿。

19 用主刀雕刻出眼睛和獠牙。

20 用主刀雕刻出下颚和腮刺。

21 去除嘴里的废料。

22 取蜜本南瓜小料，雕刻出胡须和毛发。

23 取蜜本南瓜小料，雕刻出麒麟角。

24 取长芋头，雕刻出"玉书"。

25 将头组装到身体上。

26 将成品摆好待用。

牛头

① 准备蜜本南瓜。

② 用菜刀将其切成斧头块。

③ 用大号 U 形戳刀定出牛的额头。

④ 用掏刀定出鼻子位置。

⑤ 用掏刀定出眼睛位置。

⑥ 用小号 U 形掏刀定出咬肌。

⑦ 用主刀雕刻出下颚。

⑧ 用主刀雕刻出牛鼻。

⑨ 用主刀雕刻出牛眼。

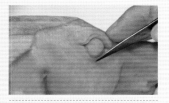

⑩ 用主刀雕刻出双眼皮。

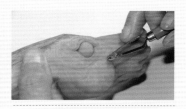

⑪ 用拉线刀拉出咬肌上的脉络。

⑫ 用 U 形戳刀区分出头与脖颈。

⑬ 取一块蜜本南瓜，雕刻出牛耳。

⑭ 将雕刻好的牛耳粘接到牛头上。

⑮ 取一块蜜本南瓜，雕刻出牛角。

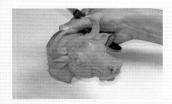

⑯ 将雕刻好的牛角粘接到牛头上，粘接时要注意角度。

⑰ 将成品摆好待用。

牛

1 准备蜜本南瓜。

2 将蜜本南瓜根据所雕刻的牛的形态进行粘接。

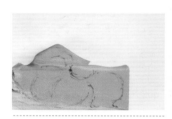

3 用水溶性铅笔画出牛身的线条。

4 用主刀开出牛身大形。

5 取蜜本南瓜粘上,并用主刀雕刻出牛蹄。

6 雕刻出四条牛腿,雕刻时要注意每条腿的形态。

⑦ 用掏刀雕刻出牛身上的肌肉线条。

⑧ 取一块蜜本南瓜，雕刻出牛尾。

⑨ 将牛尾粘接到牛身上，并进行细部处理。

⑩ 用砂纸将牛身上打磨光滑。

⑪ 取一块蜜本南瓜准备做牛头。

⑫ 定出牛鼻子和额头的位置。

⑬ 开出牛嘴。

⑭ 雕刻出眼睛，并进行面部细节处理。

⑮ 将牛头粘接到牛身上，注意调整好角度。

⑯ 将成品摆好待用。

马头

1 准备长芋头。

2 用主刀修成斧头块。

3 用水溶性铅笔画出马头大形。

4 用U形戳刀戳出鼻梁。

5 用中号U形戳刀戳出马的眉骨。

6 用U形戳刀区分出脸部与嘴部。

⑦ 用主刀雕刻出鼻孔。

⑧ 用主刀雕刻出嘴巴。

⑨ 用小号 U 形掏刀修出唇线和鼻翼。

⑩ 用大号 U 形掏刀掏出下颌。

⑪ 用小号 U 形掏刀掏出嘴角肌肉。

⑫ 用主刀雕刻出马的眼睛。

⑬ 用主刀雕刻出双眼皮。

⑭ 用主刀和掏刀去除马嘴里的废料，并雕出舌头。

⑮ 用主刀雕刻出马的牙齿。

⑯ 取芋头小料，用主刀雕刻出马耳朵。

⑰ 将马耳朵粘接到马头上。

⑱ 取一块芋头，开成斧头片，然后用主刀雕刻出马的鬃毛。

⑲ 将雕刻好的鬃毛粘接到马头上。

⑳ 将成品摆好待用。

马

① 准备广红、长芋头。

② 将芋头切成厚块进行粘接，用于制作马的身子。

③ 将雕好的马头粘接到马的身子上。

④ 用主刀和掏刀雕刻出马的臀部。

⑤ 用主刀结合掏刀雕刻出马的胸部和腹部。

⑥ 另取芋头，粘接到马身上，用于制作马腿。

7 用主刀雕刻出马的大腿。

8 另取长芋头，雕刻出马的小腿。

9 将雕好的小腿粘接到马身上。

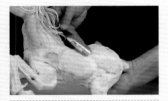

10 用 U 形戳刀戳出马身及肌肉纹路。

11 用砂纸打磨光滑。

12 取长芋头切厚片并拼接，然后用水溶性铅笔画出马尾大形。

13 用主刀雕刻出马尾大形。

14 用拉线刀结合主刀雕刻出马尾。

15 另雕刻出几根单独的马尾并拼接，使马尾整体上更有层次感。

16 将雕好的马尾粘接到马身上。

17 用广红雕刻出火苗。

18 取一块长芋头，雕刻出底座。

19 将雕好的马组装到底座上。

20 将成品摆好待用。

第七章

人物、瓜盅类雕刻技法

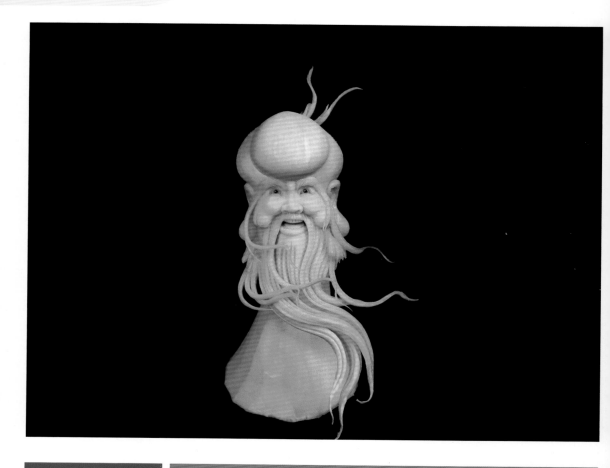

寿星头

1 准备蜜本南瓜。

2 用 U 形戳刀戳出寿星头顶部。

3 用 U 形戳刀定出脸部。

4 用小号 U 形掏刀掏出眉毛和鼻梁。

5 用小号 U 形掏刀掏出眼包。

6 用主刀雕刻出鼻孔。

⑦ 用主刀定出法令纹。

⑧ 用主刀和掏刀配合，雕刻出上嘴唇。

⑨ 用主刀和掏刀配合，开出嘴巴。

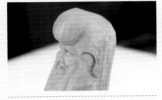

⑩ 用 U 形掏刀定出耳朵的位置。

⑪ 用小号 U 形掏刀和主刀配合，雕刻出耳朵。

⑫ 用 U 形拉线刀雕刻出衣领。

⑬ 接一块蜜本南瓜，准备做胡须。

⑭ 用主刀雕刻出胡须。

⑮ 用主刀雕刻出眼睛。

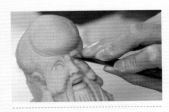

⑯ 用主刀雕刻出双眼皮。

⑰ 用主刀雕刻出发髻飘带。

⑱ 将发髻飘带粘接到头部。

⑲ 将成品摆好待用。

寿星

1 准备蜜本南瓜。

2 用大号 U 形戳刀定出面部位置。

3 用大号 U 形戳刀和掏刀配合，雕刻出脸部轮廓。

4 用主刀雕刻出嘴巴。

⑤ 用主刀雕刻出牙齿。

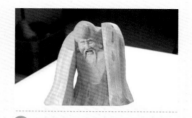

⑥ 取两块蜜本南瓜粘接到身体两边，用来做手臂。

⑦ 用 U 形戳刀和主刀配合，雕刻出衣领。

⑧ 用主刀定出衣袖的长度。

⑨ 用主刀雕刻出衣摆。

⑩ 用主刀雕刻出胡须。

⑪ 取蜜本南瓜粘接在身体下部，做长袍的下摆。

⑫ 用 U 形戳刀定出长袍下摆的长度。

⑬ 用主刀和掏刀雕刻出鞋子。

⑭ 用主刀对胡子做细节处理。

⑮ 用 U 形掏刀对衣褶做细部雕刻。

⑯ 用 V 形木刻刀戳出头发。

17 用大号 U 形掏刀对衣摆内侧做细节处理，让衣摆看上去更加飘逸。

18 用 U 形掏刀对下衣摆衣褶做细部处理，衣褶的走势一定要顺畅，不能过于死板。

19 用砂纸对衣褶进行抛光处理。

20 用主刀雕刻出眼睛。

21 取一片蜜本南瓜，用主刀雕刻出长眉毛。

22 粘接雕好的长眉毛。

23 用拉线刀对长眉毛进行细部雕刻。

24 取一块蜜本南瓜，用主刀雕刻出手掌。

25 将手掌粘接到手臂上。

26 将成品摆好待用。

西瓜盅

① 准备一个黑美人西瓜。

② 用 V 形戳刀戳出花篮纹路。

③ 用 U 形戳刀对花篮边缘及提手处进行花边雕刻。

④ 花边雕刻完以后，将多余的部分掏出。

5 用主刀将花篮底部有西瓜皮的部位进行镂空雕刻，镂空时要预留一层瓜皮。

6 用特小号 U 形戳刀在花边处进行镂空雕刻。

7 用勾刀在之前取下的西瓜皮上起出一条一条的瓜皮备用。

8 将起出的瓜皮编织到花篮的提手处。

9 用圆规在瓜身上将所要雕刻的图案规划出来。

10 用勾刀顺着画好的两个圆的线条边缘将青色瓜皮铲起。

11 用勾刀定出做套环和需要做镂空雕刻的具体位置。

12 在套环的中心先画一个小圆，并刻画出六瓣花的图案。

13 用主刀顺着线条走一遍。

14 用主刀将花瓣边缘的瓜皮剔除。

15 用勾刀在套环区域的外侧，以刀口宽度为间距再推一圈。

16 在环形瓜皮区域用勾刀雕刻出 T 字形花纹。

17 用勾刀把套环起出。

18 用主刀将套环内的四个小梯形进行镂空雕刻。

19 用主刀在套环的四个大梯形处进行花卉雕刻。

20 在套环处起盖，并用牙签做好固定支撑。

21 在西瓜的一端用勾刀起出底座图案的大形。

22 切下底座。

23 用主刀在勾勒好的半圆图形上进行镂空雕刻。

24 将花篮、套环瓜盅、底座进行组装。

25 将成品摆好待用。

图书在版编目（CIP）数据

食品雕刻 / 新东方烹饪教育组编 . -- 北京：中国
人民大学出版社，2020.12
ISBN 978-7-300-28857-4

Ⅰ.①食… Ⅱ.①新… Ⅲ.①食品雕刻 Ⅳ.
① TS972.114

中国版本图书馆 CIP 数据核字 (2020) 第 254680 号

食品雕刻

新东方烹饪教育　组编

Shipin Diaoke

出版发行	中国人民大学出版社	
社　　址	北京中关村大街 31 号	**邮政编码**　100080
电　　话	010-62511242（总编室）	010-62511770（质管部）
	010-82501766（邮购部）	010-62514148（门市部）
	010-62515195（发行公司）	010-62515275（盗版举报）
网　　址	http://www.crup.com.cn	
经　　销	新华书店	
印　　刷	北京瑞禾彩色印刷有限公司	
规　　格	185mm×260mm　16 开本	**版　　次**　2020 年 12 月第 1 版
印　　张	9.25	**印　　次**　2023 年 12 月第 3 次印刷
字　　数	206 000	**定　　价**　37.00 元